生命日记
肉质植物
仙人掌

孙树娜 乔建磊 编写

吉林出版集团股份有限公司 全国百佳图书出版单位

图书在版编目（ＣＩＰ）数据

生命日记. 肉质植物. 仙人掌 / 孙树娜,乔建磊编写. -- 长春：吉林出版集团股份有限公司, 2018.4

ISBN 978-7-5534-1420-1

Ⅰ. ①生… Ⅱ. ①孙… Ⅲ. ①仙人掌科—青年读物②仙人掌科—少年读物 Ⅳ. ①Q949.759.9-49

中国版本图书馆 CIP 数据核字(2012)第 316272 号

生命日记·肉质植物·仙人掌
SHENGMING RIJI ROUZHI ZHIWU XIANRENZHANG

编　　写	孙树娜　乔建磊	
责任编辑	林　丽	
装帧设计	卢　婷	
排　　版	长春市诚美天下文化传播有限公司	
出版发行	吉林出版集团股份有限公司	
印　　刷	河北锐文印刷有限公司	
版　　次	2018 年 4 月第 1 版　2018 年 5 月第 2 次印刷	
开　　本	720mm×1000mm　1/16	
印　　张	8	
字　　数	60 千	
书　　号	ISBN 978-7-5534-1420-1	
定　　价	27.00 元	
地　　址	长春市人民大街 4646 号	
邮　　编	130021	
电　　话	0431-85618719	
电子邮箱	SXWH00110@163.com	

目 录

Contents

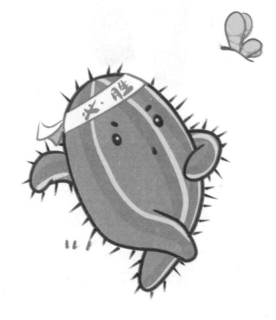

目　录

Contents

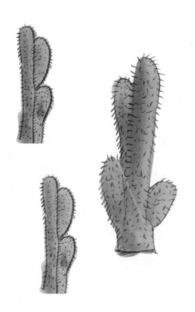

目 录

Contents

目 录

Contents

仙人掌

　　我原产自南北美洲热带、亚洲热带。因为我生长在干旱地区，能够很好地保持水分，所以我还有"沙漠绿洲"的美誉。同时我还是墨西哥的国花，花语是"坚强、隐忍"。

我叫仙人掌

5月2日　周三　晴

　　亲爱的小朋友们，你们好！现在我就隆重地向大家做一下自我介绍。我就是那个赫赫有名、享誉世界、名震四海的植物——仙人掌。我的家乡在遥远的非洲，那里大多数地区干旱严重，为了保持体内的水分，我们的叶子就变成了今天

的样子。我有一个庞大的家族，在我的家族里有两千多种不同形态的品种，说我们千姿百态、婀娜多姿，一点都不为过哦。而且我们的花朵也很艳丽，受到了很多爱花人士的亲睐，我们还是墨西哥的国花呢。哎呀，时间不早了，小朋友们早点睡吧，我们明天见！

我的家乡

今天的天气真好，万里晴空，天蓝得像宝石一样。嗨！看见这么湛蓝的天空，我不禁想起了大洋那端我的家乡——非洲。不知道小朋友们是否了解我家乡的气候，我的家乡有"热带大陆"之称，气候特点是高温、少雨、干燥，部分地区的年平均气温高达 34.5℃，我们都叫它"小火炉"。但这与沙漠气候比起来还算不了什么，沙漠昼夜温差很大，在白天，沙漠沙子可以把鸡蛋闷熟，到了晚上，冷得像冰箱。我们仙人掌家族就生活在这里。

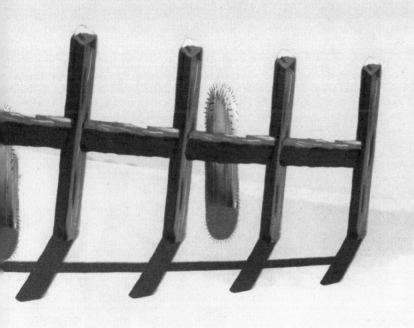

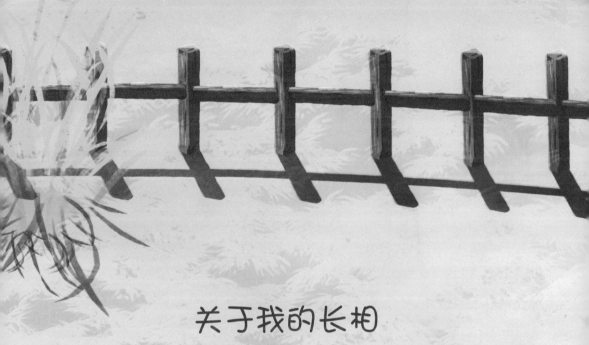

关于我的长相

5月4日 周五 晴

阳光真好，一大早太阳公公就把我从甜甜的睡梦中叫醒，窗外一片鸟语花香，到处充满了春天的味道，我的心情好极了。小朋友们，今天我带大家来参观我们的家族博物馆，让小朋友们见识见识我们的千姿百态。我们的茎有扁平型的，如大家喜欢的昙花、蟹爪兰；有棱状的，如仙人鞭，它的茎有三个棱，还有的品种有120多个棱呢；还有最为常见的球形仙人掌，它就像长满了刺的半个皮球扣在地上，我们都叫它愤怒的小刺猬。今天我们就参观到这里，明天继续参观。

大块头和老寿星

5月5日　周六　雨

　　小朋友们，都起床了吗？今天我要带大家去看看世界上最大的仙人掌，一定让你们大吃一惊。你们知道这种仙人掌有多大吗？我告诉你们吧，墨西哥有一株仙人掌高达17.69米，重达10吨，是世界上最大的仙人掌。小朋友们，你们能想象出它有多大吗？它简直就像是一座小山。还有一种长着棘的仙人球，直径可达两三米，寿命在五百年以上，我们都叫它老寿星。

我有了新家

5月8日 周二 阴

　　小朋友们，今天我好开心啊，我马上就要有一个属于自己的新家了。小主人为我选了一个白色的陶瓷盆作为我的新家。但开心的同时，我也有些难过，因为我将要和我的家人分开了，真舍不得我的那些亲人啊。小主人小心翼翼地把我从母体上剪下来，然后把我栽到了盛满土的新家。为了能让我喝足水分快快长大，小主人浇了好多的水。看来，我以后的生活一定是美好的。

我觉得疲惫不堪

5月11日 周五 阴

这几天我一个人住在新家里，整日想念家人，没心情喝水和吃饭，瘦了一大圈。而小主人又偏偏在这个时候，把我放到了阳光充足的阳台上。小主人啊，我刚刚来到新家，还不太适应这里的环境，而且刚刚离开母体，身子还有些虚弱，怎经得起这样的暴晒呢？我原来的皮肤葱绿亮泽，现在却变得褶巴巴的，小主人，赶快把我搬到阴凉的地方去吧。

我需要休息

5月13日 周日 晴

我都睡了好几天了，小主人很关心我，每天都来看我几次，让我好感动啊。小主人，再等我几天吧，等我睡足了觉，就可以和你一起玩啦。这几天我还在休养的状态之中，等我把精神养足了，我会很快、很健壮地成长。到那时，我将重新焕发生机，回到我喜爱的充满阳光的环境中，而不是成天躲在这种昏暗的地方睡懒觉。唉，怎么又困了，我要睡觉啦。

我会快快成长的

5月14日 周一 晴

今天，我终于睡醒了，看见了周围的一切——明媚的蓝天，棉花糖一样的云朵在天空中自由地飘动，好开心啊。哎呀，我的肚子在咕咕叫了，不行，我要吃点东西，否则我会饿晕的。小主人，快给我浇点水，施一些肥吧。好像听见了我的呼唤，小主人给我弄来了一份大餐——兑入营养物质的营养水。我尽情地畅饮着，肚子吃得鼓鼓的。小主人，放心吧，我会快快成长的。

我身上有一座小工厂

　　小主人，感谢你为我洗澡，真是舒服极了。我全身沐浴在水雾里，畅快淋漓地洗去了满身的灰尘，身体里的每一个细胞都得到了舒展。说起这些细胞，你可别小瞧它们，虽然只有借助显微镜才能看清楚它们的结构，但它们却个个都是劳动模范，时时刻刻为我的生命输送营养、提供能量。每一个细胞就是我身体里的一座小工厂，有了它们我才能健康地成长。

细胞

5月18日 周五 晴

　　我身体的每个细胞的最外层都有一层细胞壁，它主要是起支撑和保护的作用。紧贴细胞壁有一层膜结构叫做细胞膜，细胞膜的功能可大啦，它能有选择地吸收我们身体需要的东西，我们身体不需要的就被它牢牢地锁在门外。我们身体里还有一个大大的液泡，里面储满了水分，在我们渴的时候及时供给水分。好了，今天的课就上到这里吧。

我长出了"小脚丫"

5月20日 周日 阴

　　早晨醒来，我有个惊奇的发现，我的小脚丫长出来了。有了这些小脚丫，我就能牢牢地抓住土壤，同时还能够吸收更多的营养和水分，成长得更快。小主人你在干什么，我知道你好奇我的脚长得怎么样了，可是再好奇也不可以把我脚上的土壤弄开啊，这样会弄伤我新长出的小脚丫的，快把土壤覆盖好，如果我的脚受伤了，我会很容易枯死的。

我是大力士

5月22日 周二 晴

我的小主人，我的体力已经恢复啦，现在精神饱满，体力充沛，而且我也长高了，长壮了。看看我现在健康的绿油油的身体，已经不再是刚刚来到新家里那个可怜的小不点了。小主人，我强烈要求快快把我从这个阴暗的角落里拂走。我要去享受我喜爱的阳光，每天晒晒日光浴。对了，小主人，记得给我戴一个墨镜哦，这样我就可以酷酷地每天享受我的日光浴了。

我身上的刺变硬了

5月24日　周四　晴

这几天我的小主人每天都把我浸在温和、温暖的阳光里，让我舒心得不得了。随着我的长大，我身体上的刺也在发生着细微的变化。原先我身体上的刺又小又软，现在它们不但长的大了一些，而且也变硬了。这些刺可是我的宝贝，如果有调皮捣蛋的小朋友要伤害我，我就用这些刺刺他们。但是我相信大多数的小朋友都是爱护花草树木的，是不会轻易伤害我的。

我在努力地成长

5月26日　周六　雨

　　我的小主人看见我在慢慢地长大非常高兴，夸奖我是一个积极向上的孩子。听见小主人对我的夸奖，我开心地笑个不停，笑得我满身的刺一抖一抖的，好像风中翩翩起舞的蝴蝶。虽然今天我的努力得到了小主人的夸奖，但是我知道，我不能骄傲，不能满足于现状，我还要继续努力，努力成为一株健硕的仙人掌。

我的"小脚丫"长大了

5月29日 周二 晴

今天的天气真好，早上刚刚起床就发现自己的身体有了些许的变化，我的"小脚丫"长大了，现在长成了"大脚片子"。其实现在我的脚丫就是我的主根，只有主根长大了、长壮了，然后深深地、牢牢地抓住大地母亲，吸收足够的营养，我才能快快长大。我的主根上现在还长出了侧根，侧根能够帮助我吸收更多的营养和水分，这样我就能够成长得更快。

被遗忘的我

5月30日 周三 阴

　　这几天我的小主人在忙着好好复习功课，都没有时间理我。把我一个人留在窗台上不管不顾的，忘记了给我浇水，也不打开窗户让我呼吸新鲜空气。我的小主人甚至还忘记了给我洗澡，现在的我满身的灰尘，真像传说中的灰姑娘啊！

　　小主人，我喜欢畅快淋漓地呼吸，喜欢新鲜的空气，喜欢明媚的阳光，有了这一切我才能健康地成长。

畅快地呼吸

5月31日 周四 多云

　　我的小主人，快带我出去呼吸下新鲜的空气吧，在这个屋子里我都快被闷死了！我的小主人似乎听见了我的呼唤，把我带到了足球场晒太阳。我沐浴在阳光里，呼吸着新鲜的空气，看着蓝天白云，好舒服。你们知道吗？其实植物和人类一样也是需要呼吸新鲜空气的，通过呼吸作用我们植物分解自身的有机物，为我们的各项生命活动提供能量，所以，你们一定要记得给家里的植物通风啊。

淋浴

6月2日　周六　晴

　　这几天天气好热好热，我身下的土地都干燥了，早上我的小主人给我浇了一杯冷水，我咕嘟咕嘟地喝了好多，真解渴啊。到了晚上我的小主人还给我冲了个凉呢。水花不断淋到我的身上，不一会儿的工夫我身体上的灰尘就都洗掉了。我太喜欢淋浴了，我的小主人你一定要经常给我淋浴啊。

身体里的神秘力量

6月4日　周一　阴

　　都到午饭时间了，可是太阳公公还没有出来，前些天他都把我晒得不敢抬头了，我想他也一定是累了。哈哈，太阳公公你就好好休息休息吧，让我也享受一下阴天的凉爽。此刻我能感觉到我体内的水分从我的脚下正在慢慢地向空气中蒸腾着，小朋友们你们知道吗？这就是蒸腾作用。蒸腾作用不但可以让我吸收和向空气中运输水分，而且可以加速对营养的吸收，在炎热的天气里还能防止我被烈日灼伤，蒸腾作用可是我身体里的神秘力量呢。

我是光荣的生产者

6月6日　周三　晴

　　天气又热起来了，站在阳光里的我一直在很努力地工作。在有阳光的日子里，我们能够利用空气中的二氧化碳在体内合成有机物，然后将有机物储存在体内，供人类和动物食用，与此同时我们还能够放出氧气，供人类和动物呼吸。小朋友们，我们是不是很光荣的生产者啊?

细心的小主人

6月9日　周六　晴

　　一大早，我就被小主人弄醒了。原来是我的小主人担心我晒不到充足的阳光，把我从屋子里搬到了室外。我的小主人你可真细心啊。如果没有你如此细心地照顾，我也不会长得如此健壮。小主人你就放心去上学吧，今天我还会努力地进行光合作用，释放出更多的氧气。

我的"脚"受伤了

6月12日 周二 雨

这两天一直在下雨，我脚下的土地都是湿湿的，我的根一直泡在这样的环境里可不行啊，会因为呼吸不畅而腐烂的。细心的小主人及时发现了这一点，给我松了松脚下的土壤，这样我就可以很轻松畅快地呼吸到新鲜的空气了。可是我的小主人因为没有经验，松土过深，一不小心弄断了我的几根根须，现在的我正在承受疼痛的煎熬。我的小主人，我知道你不是有意的，让我好好地休息几天我会慢慢恢复的，下次再给我松土的时候一定要小心啊，否则这样会严重影响我生长的。

我在阳光下呼吸

6月15日　周五　晴

因为脚的受伤，这两天我一点精神都没有，全身上下的每一块肌肉都酸痛酸痛的。我在太阳里大口大口地呼吸着新鲜空气，只有这样才能缓解我肌肉的疼痛。有很多小朋友认为只有人类和动物才进行呼吸，其实作为植物的我们也是需要呼吸的。在有阳光的条件下我们进行光呼吸，为我们自身的生命活动提供能量。现在我努力地呼吸着，好让我的伤势早日痊愈。

我爱喝营养水

今天我的小主人给我带来了一瓶子宝贝，我高兴极了。小朋友们你们知道这一瓶子宝贝是什么吗？其实这不是什么名贵的东西，只是肥料水。喝了肥料水后我能生长的更快，不过，可不能一下子把一瓶子的营养水都让我喝下去，如果是那样的话，我会因为营养过剩而死亡的。小朋友们你们一定要记住啊，每次给我施肥的时候是有一定量限制的，够我喝一次的就可以啦。好了，我现在就要美美地去享受我的营养水了。

我长出了新的根系

6月20日　周三　晴

这几天小主人一直在给我喝营养水，我的体力也慢慢地恢复了。我的根系新发出了许多幼嫩的侧根，有了这些侧根我就可以牢牢地抓住地面，还可以吸收更多的营养，这样我就能够成长得更快了。体力恢复的我每天都在锻炼，一二三四，二二三四，左三圈右三圈，脖子扭扭屁股扭扭，早睡早起咱们来做运动！抖抖手啊抖抖脚啊，勤做深呼吸，学爷爷唱唱跳跳，我也不会老。小朋友们你们也要多做运动哦，不要每天都只在屋子里玩电脑哦。

我的矿质营养

　　我细心的小主人在查阅资料的时候发现，在植物生长的过程中，必须补充矿质营养，因此我的小主人就买了矿质营养的肥料给我补充。我们的根系吸收矿质营养的方式有主动吸收、被动吸收和胞饮作用等。对矿质营养的吸收听着很简单，但其实是一个很复杂的过程，虽然大家看不到这个过程的进行，但是我的根细胞能够深深地体会到整个过程的发生。对了，还有什么不懂的去问爸爸妈妈，他们会回答你的。

今天我冲了个凉水澡

6月25日 周一 晴

　　天气越来越热了，我身下的土地被太阳炙烤得龟裂成一块一块的，我的小主人看见了，在中午就给我浇了一盆冷水，我身体的温度是降低了，可是弄得我直打冷战，现在的我还一直在打喷嚏，我想我肯定是感冒了。小主人啊，我知道你是关心我，怕我干旱，及时给我补充水分，但是在温度过高的时候是不能给我们浇水的，给我们浇水的最好时机是早上和晚上，否则还会给我们的根系造成伤害，小主人，你一定要记住啊，下次不能犯同样的错误了。

我发高烧了

6月28日 周四 晴

今天早上起床的时候我发现我真的生病了，我的身体软绵绵的，一点力气也没有，就好像是一团摊在地上的糨糊。我努力睁大眼睛，可就是睁不开，我真怀疑是不是谁给我的眼皮上涂了一层胶水，就这样我在混混沌沌里度过了整整一个上午。中午，太阳依旧炙烤着大地，我的体温一直在升高，现在我发现我高烧了，高烧的滋味可真难受，我的小主人啊，你可快快给我找个医生吧，让我快点儿好起来吧。

我在慢慢地恢复

6月30日 周六 晴

感冒让我整整瘦了一圈，这主要是因为在感冒期间我的光合作用的速率减慢了，从而积累的有机物减少了，我细心的小主人发现了这一点，及时给我补充营养，刚刚我就喝了营养水，喝的我肚子鼓鼓的。我的小主人一直在盯着我看，还给我松松脚下的土壤，小主人你真好，你真细心，我会努力恢复的。

小主人你就放心吧，千万不要为我担心哦，仙人掌的生命是很顽强的，这点儿小病算不了什么的，否则我就愧对我"沙漠绿洲"的称号了。

感谢小主人的悉心照料

7月2日 周一 阴

　　这几天太阳公公一直在偷懒，真不知道他是偷偷地去做环球旅行了还是躲在家里偷懒，都不出来露脸了。我的身体在小主人的关心下已经痊愈了。现在的我有力气在阳光里锻炼身体了，看着已经恢复的身体，我好开心啊。再看看我的茎，与刚刚住进这个新家时比可长高了不少呢。这都要归功于小主人对我的悉心照料。谢谢你哦，我亲爱的小主人。不要再为你的过失难过了，我已经康复了。

我的肚子是"空的"

7月4日 周三 晴

早上刚刚起来就看见我的小主人正认认真真地看我，我的小主人啊，你看什么呢？即使你一直这样盯着我看，也只能看见我的外在啊，我身体里的"秘密"你是看不见的。就像我的茎从外表你根本看不出来它的内部是中空的。中空的内部有利于我们在干旱的地区储存大量的水分。在沙漠地区，如果动物找到了仙人掌，就找到了水源。

每天都有惊喜

7月10日 周二 雨

每天清晨醒来我都会有新的发现——我又长大了。我的身体是由一个个植物细胞组成的，我的细胞在慢慢地长大。我的细胞很小很小，用肉眼是无法直接观察到的。我的身体里蕴藏了数不清的细胞，你可别小看了这些细胞，我的生命活动都是依靠她们来完成的。细胞的形态、大小、功能都有差别，不同的细胞，其结构是不同的，生理功能自然也不一样。但是，每个细胞的基本结构是一致的。看！我的小主人又在给我浇水了，我要美美地吸吮这些水分了，水分是组成我身体不可或缺的一部分，聪明的小朋友一定在思考我是怎么吸收水分的。我告诉大家，我就是靠这些小小的细胞来吸收水分的。

65

向大块头努力的我

　　天气暖暖的，我刚刚从甜美的梦中清醒，伸个懒腰舒服舒服。在我的努力下，我的身体发生了巨大的变化。我长高了，变胖了，肥肥的我现在正在努力地长成仙人掌王国里的大块头。等我长得更高了，更大了，我就可以繁殖出更多的小仙人掌了。小朋友们你们期待吧！

我会"分身术"

7月16日　周一　晴

　　小朋友们，今天我有一个好消息要告诉大家。我会"分身术"啦！什么？你们问我什么是"分身术"？连这个都不知道，你们真是过时啦。现在听我娓娓道来哦。我们仙人掌王国里的"分身术"可不是江湖术士的骗人把戏，当一个夏天过去后，我们的身体上会发育出小仙人掌的分枝，将分枝剪下，移栽到其他花盆里，就是新的仙人掌植株。这个新植株繁殖的过程既简单又方便，而且仙人掌分株后的成活率几乎是百分百哦。小朋友们，这回你们知道什么是"分身术"了吧。还要告诉你们一个小秘密，我很快就可以"分身"了。

向着太阳的方向致敬

7月19日 周四 晴

　　小朋友们，你们发现了没有，作为植物的我们都有向光性。就像大树，树冠向着南方生长的比向着北方生长的要茂盛许多。作为植物界的我们，仙人掌也有着同样的向光性，只是我们表现得没有大树那么明显。只要是晴天，我们就乖乖地被太阳公公领导，向她老人家致敬，这样我们体内的植物生长素会源源不断、周而复始地运输着，我们也会长得更高。

我头上长出了"犄角"

7月22日 周日 雨

今天的天空布满了浓浓的乌云，乌云在天空中肆无忌惮地翻滚着、雀跃着，不一会天空就下起了大雨。看着密密麻麻交织在一起的雨滴，吸吮着滋润的雨水，我感觉好幸福。我的小主人也兴奋地在一旁手舞足蹈，因为我的头上长出了一点点幼嫩的仙人掌的"分枝"。在这么短的时间内能够长出幼嫩的分枝，这完全得益于小主人对我的悉心照料，谢谢你，我的小主人。小主人我向你保证，我会尽我最大的努力促使其快快生长，这样我就能有另外的分枝了。

我的呼吸好困难

7月25日　周三　晴

　　今天的天气好热啊，还没到中午太阳晒得我就睁不开眼睛了，真是挥汗如雨啊。这么高的温度让我的呼吸都有些困难了。我只好蜷缩着身体任高温在我的生活空间里肆意撒欢。我的小主人似乎看到了我的窘态，立刻将我移到了阴凉的地方，在阴凉的地方我慢慢地调节自己的呼吸，尽量用最短的时间恢复身体。我的小主人还在我的身上喷上了一层水，啊，终于凉快了。

我的家被水淹没了

7月28日　周六　晴

这几天天气很热，我的小主人害怕我因为缺水而干枯，所以就给我浇了大量的水，现在我的花盆里已经充满了水，我就好像是被泡在鱼缸里的小鱼。但是，所有的植物对水的吸收量都是一定的，并不是水分越多越好。如果水分过多，不但不能给我们的生长带来任何益处，而且我的根茎还会因为缺氧而腐烂。我的小主人啊，快来把我盆子里的水倒掉吧，呼吸好困难啊，我快被憋死了。

我有了新家

7月30日 周一 阴

今天我特别的高兴，因为我有了自己的新家。这个新家和上次我的小窝比起来要大得多。住在这么宽敞明亮的屋子里我不禁感动得热泪盈眶。我的小主人，你对我太好了，你是一个多么有责任心的人啊。看见我长大了，怕委屈了我的"脚丫"，及时给我更换了一个大盆。谢谢你哦，我的小主人，我一定继续努力，让你早早看见我开出的最美艳的花朵，来回报你对我的照顾和关心。

我的头上戴了一朵"大红花"

8月5日 周日 晴

我长大了，真正地长大了，长成了男子汉。看见我长得如此魁梧健硕，我的小主人给我的头上戴了一朵"大红花"。给我带朵红花看似简单，其实这里可是大有学问的。这叫做

嫁接，就是将一棵植株的组织融合到另一棵植株上，使两种植株融合为一体。我很喜欢我头顶上的这个红球，她还有一个美丽的名字叫绯红牡丹。小朋友们，我的头上有了这么一个装饰，是不是更漂亮了呢？

我的"角"长大了

8月12日　周日　晴

今天一早醒来就看见鸟儿在窗外的树枝上蹦蹦跳跳地鸣叫着，这活泼的鸟儿一直是我的好伙伴。每每小主人把我放

到窗户外面的时候，它都会飞过来和我聊天，向我询问仙人掌王国里的故事。这不，它又飞过来了。看见了我头上的"角"鸟儿的好奇心又来了，我告诉它这是我长大长高的一种表现，我头上的"角"，是我的另一分枝，而且它比前几天长得更大了些。等过几天它再长大一点，就可以移栽到另一个花盆了。

我什么时候才能开花呢

8月22日 周三 晴

　　今天一早起来，看见院子里很多的花都开放了。红艳艳的玫瑰，迎风招展，似乎是在点头示意欢迎大家前来参观。

高大的美人蕉也开花了，数它的颜色最多，有红的、鲜黄的、橘黄的等，它的花就像它的名字一样美丽，我最喜欢的就是它了。院子里的鲜花争先恐后地开放，可是我什么时候才能开花呢？好期盼自己早点开花，这样我的小主人也会高兴的。

种子繁殖

8月25日　周六　晴

　　这几天我的小主人一直在困惑之中，她困惑的不是别的，而是我的种子是否可以长出小仙人掌的问题。小朋友

86

们，你们知道这个问题的答案吗？其实啊，我们仙人掌是可以用种子繁殖的。只是用种子繁殖的过程较为烦琐，生长速度也较慢，所以，通常我们多是从母体上被剪下来直接移栽的。在用种子繁殖的时候，要首先对种子消毒，然后播种，与其他植物的播种方式差别不是很大。这样我们就慢慢地发芽生根长大。

意外的惊喜

8月28日 周二 晴

　　早上刚刚起床，感觉有什么东西压着我的头。我用力地摇着脑袋，突然发现原来是我的头上长出了花骨朵。太开心了，我高兴得几乎忘乎所以了。有了这小小的花苞就意味着我快开花了。开花是我期待已久的事情，也是我的小主人期盼的事情。我的小主人也发现了我的变化，高兴得大喊大叫的。我的小主人啊，现在高兴还为时过早，等花朵真正绽放的时候你再高兴吧。

可怕的暴风雨

9月1日 周六 雨

今天天气很差，一大清早就刮起了大风。大风真是个讨厌的家伙，把院子里的东西弄得东倒西歪的，有些柔弱的植物甚至被大风从根部折断，痛苦地趴在地上。我甚至都能听见它痛苦的呻吟声。我好害怕我的茎也被大风无情地折断啊。幸好今天没太阳，我的小主人没有把我送出去晒太阳。刮起大风后不一会又下起了瓢泼大雨，还伴着阵阵的雷声。我讨厌打雷，轰隆隆的雷声总是把我吓得直打哆嗦。我祈祷这样的天气早点儿过去。

我爱晒太阳

9月2日　周日　晴

昨天刚刚下了一场很罕见的暴风雨，我躲到了角落里，看着一片狼藉的院子，尤其是那些被折断的失去生命的花

草，可怜兮兮地躺在泥水里，我的心好疼好疼。今天总算是雨过天晴了，我又可以开心地晒太阳了，为我的花儿，即将绽放的花儿全力以赴地晒太阳。暖暖的太阳照耀着我的身体，让我的花芽慢慢地长大，酝酿着绽放的那一刻。

我的生长变慢了

9月6日 周四 阴

　　这些天天气变化无常，前几天刚刚来了一场暴风雨，弄得院子里凌乱一片，第二天晴了，可是今天又阴冷阴冷的。我的小主人已经穿上了外套，我也好冷，但是我却不能穿件外衣给自己保暖，我好担心自己会感冒啊！看看窗外的花草，都没精打采的，似乎冷得打哆嗦呢。我想应该是秋天快来了，天气才会这么冷，这么变化无常。温度的降低影响到了我体内有机物的积累，我的生长速度变得好慢好慢，唉！我只能无可奈何地忍受着这恶劣的天气。

为开花增加营养

9月10日 周一 晴

　　我的花骨朵又长大了一圈，我美丽的花朵终于要绽放了。我似乎高兴得有点得意忘形了。但是我真的很难掩饰这种喜悦。为了让我的花朵开得又大又艳丽，我的小主人给我增加营养，我美美地喝了一顿营养水，现在的肚子鼓鼓的。我想明天我的花朵一定能够绽放，而且又大又美，否则我岂不是白喝了这些营养水，小朋友们我睡了，大家晚安。嘘！听一听花开的声音哦。

绽放

　　盼望着，盼望着，我的花终于绽放了，一片一片地慢慢开来。现在红艳艳的一朵在我的头上。我的小主人看见我的花朵开心得合不拢嘴。急忙去叫家人来一起看我的花朵，大家都夸奖我的花朵美艳无比。哎呀，我都害羞了。快快别夸奖我了，否则我会骄傲的。其实我的花朵能绽放得如此美艳，这功劳都要归功于我的小主人对我的悉心照料。

我爱勤劳的小蜜蜂

9月18日 周二 晴

　　自从我的花开了之后，一直有一群勤劳的小蜜蜂围着我
转啊转，飞啊飞的，时而落在我的花儿上，时而飞走。对于

它们的到来我很是开心，更是欢喜得不得了，它们可是传粉的功臣。花朵只有在授粉成功后才能结种子，如果授粉失败就会"花而不实"，有花没有种子。所以我特别喜欢它们在我的花里飞来飞去。能够帮助植物传粉的还有风，虽然狂风带来灾难，但是微风却可以帮助我们这些不能动的花传粉。真要感谢这些大自然的使者，帮助植物繁殖，让大地一片勃勃生机。

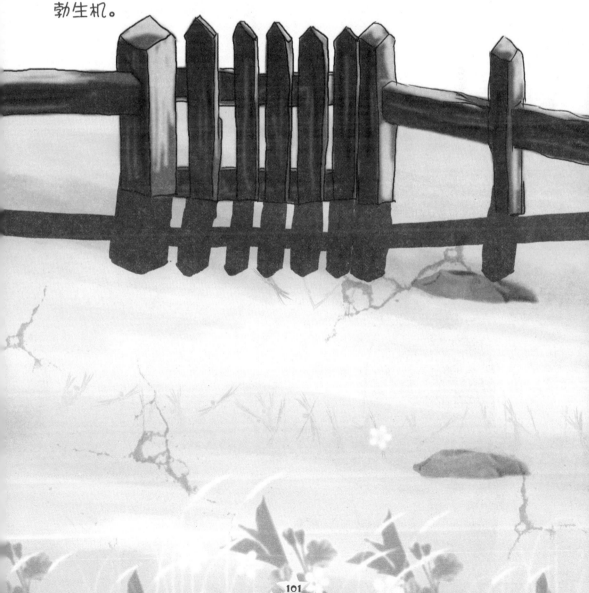

我的花萎蔫了

9月22日　周六　晴

今天我有点儿伤心呢，因为早上刚刚起来就发现昨天还光鲜亮丽的花朵现在萎蔫了。看见花瓣一片一片向下垂着，好像是被霜打过的茄子，毫无力气、奄奄一息。我忍不住伤

心得想哭。呜呜呜，谁都不要理我，让我一个人发泄个够。其实我知道花开花落是正常的生命过程，花落前花粉会飞到柱头上，花落过后会孕育果实。花落是结出果实的开始，但我还是很伤心，小朋友们不要笑我哦。

期待我早点儿结实

　　花落了，蜜蜂和蝴蝶都走了，甚至连讨厌的飞蛾都不来了，我的周围好冷清啊。想想我开花的时候，每天耳边都是它们的嗡嗡声，现在只剩我的叹息声了。我的小主人似乎发

现了我的异常，每天都给我喷雾、洗澡，把我的身体弄得一尘不染。小主人还告诉我，不要伤心，因为很快我就要结果实了，我的果实的颜色一样很漂亮。听了小主人的话，我的情绪好多了，我不开心的时候都是她陪伴我。

我的花落了，我好舍不得

9月30日 周日 阴

天气渐渐由炎热转凉了，凉意来袭，我已经很少到外面晒太阳，每天都呆在家里，看着迁徙的候鸟向南飞去，我不禁有些失落，它们整整陪伴我度过春夏两个季节，好舍不得它们。不经意间一片花瓣落了下来，啊！我的花落了下来，我好舍不得我的花瓣，虽然我懂得花开花落这是常理，可是我真的好舍不得，我好伤心，好难过，不知何时泪水布满了我的脸颊。

我生虫子了

今天我无精打采的，一点儿精神都没有，浑身上下酸痛酸痛的，突然我发现我的身上爬满了小虫子。弄得我痒痒的，感觉我的每一寸肌肤都被这些不知从哪里来的小虫子啃噬着，好难受啊。我的小主人发现了我的异常，她立刻去查阅资料，原来我是得了一种虫害，叫做红蜘蛛。按照资料上的方法，我的小主人给我喷洒了农药，农药呛得我直咳嗽。唉！没办法啊，但愿我早日康复，也免了小主人对我的担心。

我结果实了

10月5日 周五 晴

　　花开了，花落了，我也结出了美丽甜美的果实。我们仙人掌的果实多为肉质浆果，有些果实是可以食用的。在中国的云南省，就有把我们的果实当成水果食用的习惯。我们的花漂亮得让人着迷，我们的果实也同样漂亮得让人欣喜。我们的果实有红色的，有暗蓝色的，还有柠檬黄色的，这些颜色是不是让你觉得眼花缭乱啊。我的果实的形状也多种多样，有圆形，有椭圆形，还有扁圆形。

我的种子成熟了

10月9日　周二　阴

在我的努力以及小主人的悉心照料下，我的种子结得很饱满。一粒一粒呈现一种黑黝黝的色泽，细细看去，仿

佛有一层光环环绕着这些种子。我的种子还很坚硬。哈哈，我可是高兴坏了，因为这代表着我的种子很饱满，我的种子饱满了，发芽率自然就高了，这样就可以长出许多的小仙人掌了。想着想着我仿佛看见了我们仙人掌王 国壮大的场面。

我的种子被摘走了

10月12日　周五　晴

今天我的心情很矛盾，我的矛盾不是因为秋的来临，而是我的种子被摘走了。

其实我知道，我的种子被我的小主人摘走了是一件值得高兴的事情，在来年的春天，我的小主人就会将我的种子播种下去，它们会和我一样生根、发芽、开花、结果，我应该高兴才是。可是，我依旧是伤心的。这些种子毕竟是我的心血，毕竟是我孕育的成果，我真的舍不得。为了绿色植物能更多地出现在人们的生活里，我甘愿做这样的奉献。我是不是很伟大啊，小朋友们？

我是小卫士

10月16日 周二 雨

很多人都说秋天是悲哀的，凄冷的。因为每每到了秋天，绿色的叶片被北风毫不留情地从树枝上扯了下来，到处呈现出一片败枝枯草的景象。即使是这样，在我的眼里秋天也是美的，因为秋天是收获的季节，可以用于繁殖新生命体的种子，好开心啊。这些小小的种子未来都将发育成一株株绿化世界的小卫士，我似乎看到了它们茁壮成长的影子。

我们也会慢慢变老

昨晚我做了一个梦，梦见我的种子被我的小主人播种到了土地里，不久一片幼苗破土而出，生机勃勃，向天空向太阳致敬。我笑着笑着就笑醒了。多美的梦啊，我真希望美梦成真。我的小主人来问我，我会不会老，我当然会老了，会死亡了，只是我们的生命比较长，我能够活几百年呢。快到生命尽头时我们也会新陈代谢缓慢，然后慢慢地变老，最后枯萎死亡。但是，不要担心呢，因为那是几百年以后的事情。

我要休息休息

10月28日　周日　阴

这几天天气一直阴阴的，太阳公公也躲起来偷懒了。看不见太阳的我没了许多精神，每天都昏昏沉沉的，懒懒的只想睡觉。我知道冬天已经在不知不觉中悄悄到来了，一到冬天许多的动物就进入了冬眠期，我要进入休眠期了。休眠期的我是不需要浇水的，第二年的春天，我还会醒来，然后继续成长、开花，为人类制造更多的氧气。啊！好困，我睡觉去啦，小朋友们，谁都不能打扰我。